**Schriftenreihe des
Österreichischen Wasserwirtschaftsverbandes
Heft 17**

Gewässerkundliche Grundlagen der Anlagen und Projekte der Vorarlberger Illwerke Aktiengesellschaft, Bregenz

Von

Dipl.-Ing. Dr. techn. **Alois Kieser**
Bregenz

Mit 21 Textabbildungen

Springer-Verlag Wien GmbH 1949

ISBN 978-3-662-40523-9   ISBN 978-3-662-41000-4 (eBook)
DOI 10.1007/978-3-662-41000-4

Sonderabdruck aus der „Österreichischen Wasserwirtschaft",
Heft 3/4, 1949

Inhaltsverzeichnis

I.	Einleitung	1
II.	Allgemeine Übersicht	2
III.	Abflußmengenmessungen	4
IV.	Niederschlagsmessungen	19
V.	Langjährige Mittel- und Extremwerte	21
VI.	Besondere Einflüsse auf Niederschlag und Abfluß	25
VII.	Wassermessungen für die Kraftwerksbetriebe	32
VIII.	Zusammenfassung	36

I. Einleitung

Mit Beginn der Tätigkeit der Vorarlberger Illwerke Aktiengesellschaft wurde unter anderem auch ein Wassermeßdienst eingerichtet und allmählich zu einer das ganze Arbeitsgebiet umfassenden Organisation ausgebaut, um den Gesamtausbauplan auf sichere Grundlagen stellen zu können. Dabei wurde von Anfang an darauf Bedacht genommen, daß alle Gebiete, von den Gletscherregionen angefangen bis in die tiefen Tallagen, erfaßt werden. In der Erkenntnis, daß aus Niederschlagsbeobachtungen allein keine verläßliche Voraussage über die Abflußmengen möglich ist, wurde das Schwergewicht des ganzen Wassermeßdienstes auf die laufende Ermittlung der tatsächlichen Abflüsse an entsprechend verteilten Meßstellen gelegt. Auf diesem Wege konnten die für die Festlegung der Ausbaugröße maßgebenden Wassermengen durch langjährige Messungen eindeutig festgestellt werden.

Um diese Aufgabe durchführen zu können, wurde eine eigene Abteilung für den Wassermeßdienst geschaffen, der alle einschlägigen Arbeiten von der Einrichtung der Meßstellen bis zur abschließenden Auswertung obliegen.

Im Hochgebirge ist ein reichliches Maß an Erfahrung nötig, um zu lückenlosen und verläßlichen Ergebnissen zu gelangen und den gewünschten Genauigkeitsgrad einhalten zu können.

Die Illwerke haben im Laufe ihres mehr als zwanzigjährigen Bestandes für den Wassermeßdienst große Mittel aufgewendet. Mit diesem Aufwand wurden aber einwandfreie, gewässerkundliche Grundlagen geschaffen, die eine der wichtigsten Stützen jeder Planung bedeuten und Fehlschlüsse hinsichtlich des Arbeitsvermögens der projektierten Anlagen von vornherein ausschließen.

Tab. 1 Wasser- und Niederschlagsmeßstellen der Vorarlberger Illwerke Aktiengesellschaft
Kennzeichnende Angaben und Meßergebnisse

A. Wassermeßstellen mit Schreibpegel

Lfd. Nr.	Gewässer	Größe des Einzugsgebietes km²	Höhenlage der Meßstelle m ü.M.	Jahresabfluß Meßzeitraum von bis	Jahre	Mittel Mio m³
W_1	Vermuntbachüberleitung	10	2100	33/46	12	17
W_2	Ill-Madlenerhaus [1), 2)]	35	1980	30/46	16	63
W_3	Ill-Vermunt [1), 2)]	56	1700	25/46	21	105
W_4	Ill-Gaschurn [1)]	143	960	28/37	9	226
W_5	Ill-Vandans [1)]	457	630	39/46	7	657
W_6	Alfenz-Lorüns	176	580	38/46	8	195
W_7	Verbellenbach-Ganifer	22	1450	27/37	10	32
W_8	Garnerabach	10	1780	37/43	6	13
W_9	Suggadinbach	67	1020	30/43	13	113
W_{10}	Rasafeibach	17	1310	30/42	12	21
W_{11}	Rellsbach	25	1010	39/46	6	36
W_{12}	Kleinvermuntbach	10	1780	39/46	6	17
W_{13}	Jambach	38	1810	39/46	6	66
W_{14}	Larainbach	17	1800	39/42	3	25
W_{15}	Fimberbach	40	1820	39/42	3	53
W_{16}	Alvierbach	66	850	28/46	16	98

Bemerkungen: [1)] ohne Vermuntbachüberleitung
[2)] seit Einstau indirekte Messung

II. Allgemeine Übersicht

Aus Abb. 1 sind die Örtlichkeiten der wichtigsten Meßstellen für die Abflußmengenermittlung und Niederschlagsbeobachtungen ersichtlich. Eine Reihe von Meßstellen, die nur vorübergehend betreut oder für Sonderzwecke eingerichtet wurden, sowie jene, die hauptsächlich der wasserwirtschaftlichen Überwachung der Kraftwerksbetriebe und den damit zu-

B. Jahresniederschlagssammler

Lfd. Nr.	Ort der Meßstelle	Höhenlage der Meßstelle m ü.M.	Meßzeitraum von bis	Jahre	Jahresniederschlag Mittel mm
J_1	Östl. Vermunt-Ferner .	2700	30/46	16	1110
J_2	Eckhorn[3]	3150	20/46	26	1447
J_3	Silvrettahütte[3]	2370	20/46	26	1480
J_4	Klostertaler-Ferner . .	2750	33/46	13	1380
J_5	Madlenerhaus (I) . . .	2030	27/46	19	1357
J_6	Litzner-Ferner	2675	33/46	13	2108
J_7	Tilisunasee	2200	26/46	20	1396
J_8	Lünersee	1940	26/46	20	1634
J_9	Gargellenkopf	2210	34/46	12	1762
J_{10}	Valzifenz	2300	34/46	12	1450
J_{11}	Verbellen	2350	35/46	11	1456
J_{12}	Bieltal	2500	35/46	11	1090
J_{13}	Brandner-Ferner . . .	2700	35/46	11	1642
J_{14}	Madlenerhaus (II) . .	1980	37/46	9	1058
J_{15}	Jamtal-Ferner	2690	47/..	0	[4]
J_{16}	Fluchthorn-Ferner . .	2750	47/..	0	[4]

Bemerkungen: [3] Sammler der Schweizerischen Meteorologischen Zentralanstalt
[4] Aufgestellt im Herbst 1947

Fortsetzung siehe Seite 4.

sammenhängenden Abrechnungen dienen, sind in dieser Übersicht nicht aufgenommen, um sie nicht mit zu vielen Einzelheiten zu belasten. Tab. 1 weist die für die Beurteilung maßgebenden Zahlen über die Größe der erfaßten Einzugsgebiete, die Höhenlage der Meßstellen, die Dauer der Beobachtungen sowie

Fortsetzung von Tabelle 1.

C. Tagesniederschlagssammler

Lfd. Nr.	Ort der Meßstelle	Höhenlage der Meßstelle m ü.M.	Jahresniederschlag		Mittel mm
			Meßzeitraum von bis	Jahre	
T_1	Vermunt	1730	27/46	19	1654
T_2	Tromenir	1750	39/46	7	1592
T_3	Parthenen	1030	25/46	21	1348
T_4	Gaschurn	1010	25/46	21	1301
T_5	St. Gallenkirch	870	26/46	20	1328
T_6	Schruns	660	24/46	21	1260
T_7	Gargellen[5]	1430	26/46	20	1448
T_8	Silbertal[5]	880	39/46	7	1548
T_9	Lünersee	1900	25/46	21	1673
T_{10}	Brand[5]	1030	19/46	28	1490

Bemerkungen: [5] Sammler der Hydrographischen Landesabteilung

die bisherigen Ergebnisse aus. Die folgenden Ausführungen geben einen Einblick in die Zweckbestimmung und Handhabung des Wassermeßdienstes bei den Illwerken.

III. Abflußmengenmessungen

1. Voraussetzungen.

Um über die Abflußmengen, die der Wasserwirtschaft von Kraftwerken bei der Planung zugrunde zu legen sind, ein klares Bild zu erhalten, sind langjährige gründliche Messungen nötig. Im Hochgebirge ist die Durchführung solcher Messungen aus verschiedenen Gründen sehr schwierig. Die Ge-

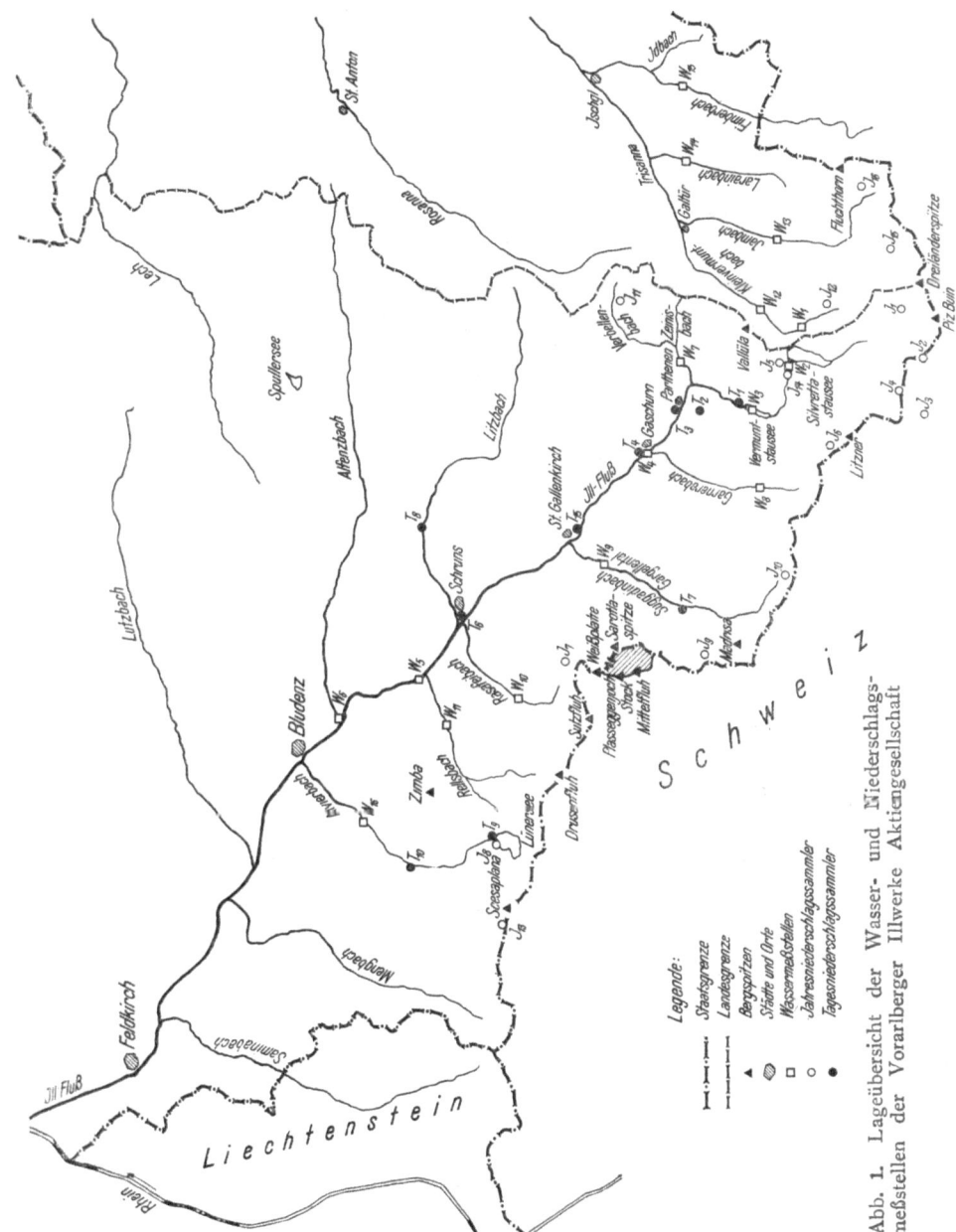

Abb. 1. Lageübersicht der Wasser- und Niederschlagsmeßstellen der Vorarlberger Illwerke Aktiengesellschaft

schiebeführung bei Hochwasser, die starken täglichen und jahreszeitlichen Schwankungen der Wasserführung, die Unbilden der Witterung, Lawinengefahr, Kälte usw. sind nachteilige Einflüsse, die besondere Vorsorgen erfordern, um das angestrebte Ziel auch wirklich erreichen zu können. Vor allem ist es nötig, bei der Durchführung der Messungen und Auswertungen planmäßig vorzugehen und dabei bestimmte Regeln einzuhalten. Diese müssen allerdings den jeweiligen örtlichen Verhältnissen entsprechend sinngemäß angepaßt werden, weil sonst die lückenlose Nachweisung der tatsächlichen Abflüsse und der angestrebte Genauigkeitsgrad kaum zu erreichen sind.

2. Grundsätzliche Regeln für die Durchführung der Wassermessungen.

Die praktische Durchführung der Wassermessungen gliedert sich in folgende Phasen:

a) Feststellung des jeweiligen Wasserstandes (Pegels),

b) Festlegung und laufende Überwachung der Abflußmengenkurven (Schlüsselkurven) als Beziehung zwischen Pegelstand und Durchflußmenge,

c) Auswertung der Pegellinien und Ermittlung der abschließenden Ergebnisse.

Vielfach wird versucht, den Wasserstand durch Einzelablesungen an Lattenpegeln festzustellen. Diese Meßmethode ist jedoch für die Ermittlung des Abflußes ungeeignet, weil die täglichen Schwankungen der Wasserspiegellinie bei Gebirgsflüssen, insbesonders zur Zeit der Schneeschmelze, viel zu groß und unregelmäßig sind, um aus solchen Einzelablesungen verläßliche Ergebnisse erzielen zu können. Die Illwerke haben daher von Anfang an die Abflußmengenbestimmung auf die Aufzeichnungen von Schreibpegeln abgestützt, die eine lückenlose Wiedergabe des

Pegelverlaufes gewährleisten. Nur in den Wintermonaten ist an den Stellen, die einen Schreibpegelbetrieb wegen der Witterungsverhältnisse nicht mehr möglich machen, die Messung durch gelegentliche Einzelbeobachtungen zulässig.

Eine wichtige und im allgemeinen vielfach vernachlässigte Aufgabe des Wassermeßdienstes ist die Festlegung und laufende Überwachung der Abflußmengenkurve (Schlüsselkurve) an jeder Meßstelle. Bei den Illwerken wird indessen diesen Obliegenheiten größte Aufmerksamkeit und Sorgfalt gewidmet, wobei für die Ermittlung der Eichpunkte grundsätzlich die technisch einwandfreie und bewährte Methode der Flügelmessung zur Anwendung kommt.

Nach Neueinrichtung einer Meßstelle und Inbetriebnahme des Schreibpegels erfolgt zunächst raschmöglichst die Eichung des Gerinnes durch eine genügende Anzahl von Flügelwassermessungen. Diese Aufgabe erfordert schon eine große Umsicht, weil sich die Messungen über einen weiten Meßbereich erstrecken müssen und hohe Pegelstände meist nur kurzzeitig auftreten. Weiters ist dabei zu beachten, daß die Geschiebeführung die Durchflußverhältnisse häufig verändert und die Abflußmengenkurve beeinflußt. Durch die Befestigung der Sohle wird dieser nachteilige Einfluß bei genügender Länge des Gerinnes zwar weitgehend ausgeschaltet, doch ist auch hier eine sorgfältige Überwachung der Abflußmengenkurve unerläßlich. Es müssen daher immer wieder Flügelmessungen gemacht werden, um den jeweils geltenden Stand der Abflußmengenkurve eindeutig festzuhalten. So werden z. B. bei den Illwerken zu diesem Zwecke jährlich über 100 Kontrollmessungen ausgeführt und ausgewertet. Diese Obliegenheit, der die Illwerke großes Gewicht beimessen, ist der Schlüssel für eine wirklich verläßliche Auswertung der Schreibpegelaufzeichnungen und für die Erzielung von einwandfreien Ergebnissen.

Die auf dem Wege über den Außendienst beizubringenden Schreibpegelblätter und Abflußmengenkurven bilden die Grundlagen für die weiteren abschließenden Auswertungen im Büro. Auf den Schreib-

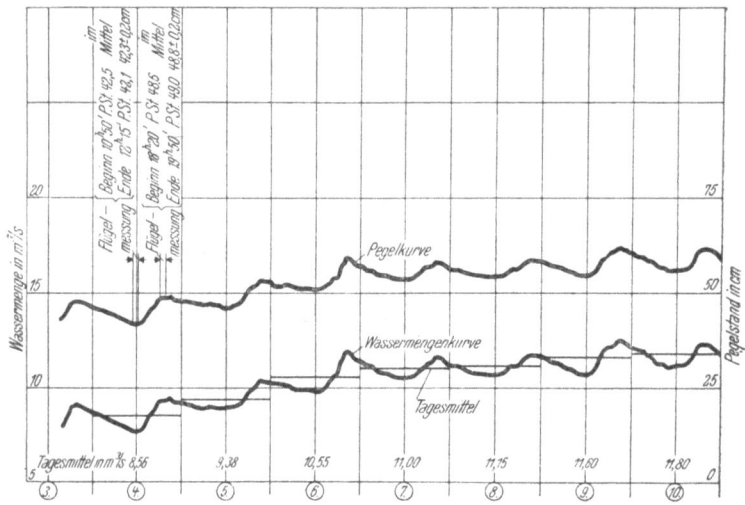

Abb. 2. Beispiel für die Pegel- und Wassermengenkurven nach Blatt 23 von 1940 der Meßstelle am Suggadinbach

pegelblättern wird zunächst unter Verwendung der jeweils geltenden Abflußmengenkurve die der Pegellinie entsprechende Ganglinie der Wassermengen in m³/s von Hand aufgetragen. Die letztere wird dann planimetriert, aus der so ermittelten Fläche das Tagesmittel des Abflusses für den betreffenden Tag errechnet und auf dem Original-Pegelblatt angeschrieben. Die auf diese Weise ausgewerteten und ergänzten Schreibpegelblätter bilden schließlich die Unterlage für die Zusammenstellung der Schlußergebnisse, die in eigenen Vordrucken vorgenommen wird.

Die einzelnen Phasen der Auswertung werden nachstehend beispielsweise für die Wassermeßstelle W_9 am Suggadinbach erläutert. Abb. 2 stellt in verkleinertem Maßstabe eine Wiedergabe des Pegelblattes Nr. 23 von 1940 dar. Die Pegelkurve ist durch den Schreibpegelapparat im Maßstab 1:5 selbsttätig aufgezeichnet. Die Zeitübersetzung des Uhrwerkes ist auf wöchentliche Auswechslung des Blattes eingestellt, wobei einem Tag auf dem Pegelblatt ein Weg von 48 mm entspricht. (In der Kopie ist der Zeit- und Pegelraster des Originalblattes der Übersichtlichkeit halber weggelassen.)

Die aus der Pegelkurve mit Hilfe der Abflußmengenkurve abgeleitete Wassermengenkurve in m^3/s ist auf diesem Blatt ebenfalls ersichtlich.

Abb. 3a und 3b zeigen die jeweils geltenden Abflußmengenkurven, die durch zahlreiche Flügelmessungen belegt sind. Um auch bei kleinen Wasserständen mit hinreichender Genauigkeit messen zu können, wurde die Breite des Meßgerinnes im Winter von 6 m durch einen besonderen hölzernen Einbau auf 2 m verengt und die Messung teils mit, teils ohne Überfallbrett bewerkstelligt. Solche oder ähnliche Maßnahmen sind ab und zu unerläßlich, um die Messungen technisch richtig durchführen zu können. Beim Suggadinbach haben die Veränderungen der Sohle vor dem Meßgerinne die Abflußmengenkurve wiederholt beeinflußt, so daß diese von Zeit zu Zeit — hauptsächlich nach Hochwässern — neu festgelegt werden mußte. Wie das Beispiel zeigt, ist es indessen bei sorgfältiger Betreuung der Meßstelle möglich, trotz dieser nachteiligen Einflüsse sehr genaue Grundlagen für die weitere Auswertung zu erlangen.

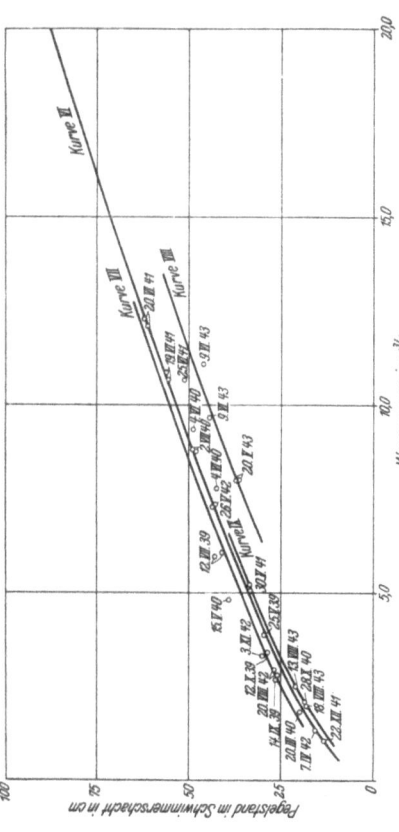

Abb. 3a. Abflußmengenkurve für das Meßgerinne am Suggadinbach ohne Einengung des Querschnittes (Durchflußbreite 6,00 m) o . . . . Flügelmessungen

Es gelten:

    Kurve VI   vom 7. 6. 1942 bis 11. 7. 1942
    Kurve VII   vom 11. 7. 1942 bis 15. 5. 1943
    Kurve VIII vom 15. 5. 1943 bis 24. 7. 1943
    Kurve IX   vom 24. 7. 1943 bis . . . .

Bemerkung: Die vor 7. 6. 1942 in Geltung gewesenen Kurven sind zur Wahrung der Übersichtlichkeit weggelassen

Schließlich gibt die Tab. 2 ein Beispiel für die abschließende Auswertung der Ergebnisse, wie sie für jede Meßstelle Jahr für Jahr zusammengefaßt werden.

Die Illwerke zählen das Abflußjahr vom 1. Oktober bis 30. September, um den jeweiligen Niederschlag und Abfluß für diesen Zeitraum vergleichbar

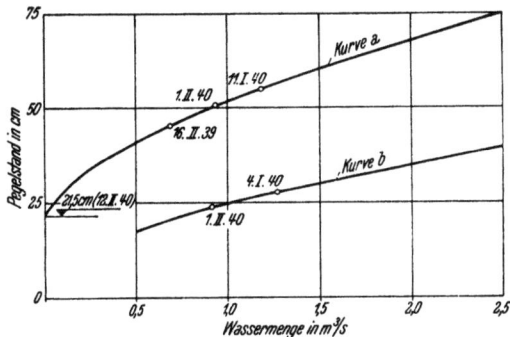

Abb. 3 b. Abflußmengenkurve für das Meßgerinne am Suggadinbach mit Einengung des Querschnittes (Durchflußbreite 2,00 m) o . . . Flügelmessungen
Zustand mit Wintereinbau 2,00 m breit
Kurve a . . . mit Überfallbrett
Kurve b . . . ohne Überfallbrett

zu machen. In der Regel ist nämlich das ganze Einzugsgebiet am 1. Oktober noch mit Ausnahme der Firnregionen aper, so daß bei dieser Abgrenzung des Jahres der Niederschlag zur Hauptsache im gleichen Meßjahr zum Abfluß gelangt und nicht auf das nächste Jahr gespeichert wird. Der Zeitraum vom 1. April bis 30. September wird als Sommerhalbjahr und jener vom 1. Oktober bis 31. März als Winterhalbjahr bezeichnet.

Die Ergebnisse der Abflußmessungen, wie sie durch Tab. 2 beispielsweise für den Suggadinbach im Meßjahr 1939/40 wiedergegeben sind, bilden in ihrer Gesamtheit die maßgebende Grundlage für

Jahr: 1939/40

Tab. 2. Ergebnisse der Abflußmessungen am Suggadinbach

EG = 67 km²

Tagesmittel der Abflußmengen in m³/s

Tag	X	XI	XII	I	II	III	IV	V	VI	VII	VIII	IX
1	1·93	2·42	3·16	1·16	0·96	1·08	1·19	5·94	10·03	8·20	7·00	5·24
2	1·85	2·34	2·79	1·19	0·94	1·04	1·17	5·88	8·72	8·96	7·00	4·23
3	1·85	2·32	2·60	1·21	0·92	1·00	1·22	5·42	8·23	10·33	6·71	3·48
4	1·88	2·72	2·41	1·24	0·91	0·98	1·21	5·41	8·56	12·78	6·45	2·98
5	2·19	3·31	2·49	1·23	0·91	0·96	1·20	5·63	9·38	11·70	6·27	2·74
6	2·40	3·08	2·41	1·22	0·92	0·93	1·19	5·41	10·55	10·56	7·17	2·57
7	2·62	3·18	2·31	1·21	0·93	0·92	1·18	4·96	11·00	10·79	6·72	2·56
8	2·62	3·12	2·18	1·21	0·93	0·90	1·16	4·55	11·15	14·29	6·27	2·52
9	2·43	3·10	2·19	1·21	0·92	0·89	1·15	4·70	11·60	12·57	5·07	3·03
10	3·52	3·06	2·09	1·21	0·92	0·87	1·17	5·03	11·80	11·12	5·99	4·86
11	3·44	2·95	2·06	1·19	0·90	0·88	1·17	5·29	11·69	9·95	5·90	4·10
12	3·32	2·73	2·02	1·15	0·87	0·90	1·18	5·32	11·86	11·47	5·57	4·98
13	3·33	2·57	1·90	1·12	0·88	0·96	1·17	4·82	11·92	10·03	4·88	4·25
14	3·35	2·44	1·82	1·10	0·88	1·07	1·18	4·70	11·36	8·84	4·04	5·71
15	3·34	2·33	1·83	1·18	0·86	1·06	1·18	5·20	11·70	8·30	3·58	7·33
16	3·36	2·28	1·82	1·06	0·84	0·95	1·29	5·54	13·31	9·45	3·45	6·67
17	3·40	4·02	1·69	1·06	0·83	0·94	1·42	5·00	12·02	8·89	3·20	6·22
18	3·34	5·40	1·60	1·04	0·82	1·96	2·34	4·03	10·83	9·10	3·09	6·09
19	3·70	4·60	1·56	1·02	0·90	2·29	2·69	3·43	11·84	9·46	2·76	5·88
20	4·43	3·30	1·51	1·01	0·87	1·75	2·51	3·17	13·48	9·15	4·05	5·60
21	4·10	3·11	1·48	0·99	0·86	1·39	2·93	3·47	13·48	9·78	3·71	5·71
22	3·70	2·71	1·40	0·98	0·85	1·35	3·46	4·47	12·15	9·50	6·47	5·67
23	3·42	2·51	1·37	0·97	0·87	1·32	4·16	5·29	11·66	9·98	5·94	5·69
24	3·30	2·51	1·34	0·99	0·89	1·34	5·15	5·21	10·88	9·77	5·89	5·89

Tagesmittel eines Monats ist fett, das kleinste kursiv gesetzt

Tag												
25	3·28	2·40	1·28	0·99	0·90	1·41	6·04	5·98	10·69	9·52	5·69	5·83
26	3·30	2·75	1·24	0·99	0·90	1·88	5·89	7·17	11·50	9·61	5·69	5·93
27	3·20	3·11	1·19	0·99	0·90	1·72	5·72	8·96	10·49	10·14	5·71	5·70
28	3·02	2·68	1·14	0·99	0·91	1·54	6·27	9·40	9·43	9·52	5·72	5·43
29	2·95	2·62	1·14	0·99	0·98	1·40	6·53	10·49	8·20	8·30	5·76	5·50
30	2·55	3·53	1·15	0·98	—	1·30	6·47	12·16	7·60	7·59	5·92	4·79
31	2·50	—	1·15	0·97	—	1·27	—	11·83	—	6·95	5·72	—
Summe	93·62	89·20	56·32	33·88	25·96	38·25	80·98	183·86	327·11	306·60	168·29	147·18

(„Das größte" — Randbeschriftung)

Monatsmittel

m³/s	3·02	2·97	1·82	1·09	0·90	1·23	2·70	5·93	10·90	9·89	5·43	4·91
l/s/km²	45·1	44·3	27·2	16·3	13·4	18·4	40·3	88·5	162·7	147·6	8·11	73·3

Absolut größte und kleinste Abflußmenge in m³/s

Größtwert	4·93	6·20	3·30	1·26	1·08	2·78	7·00	13·40	16·40	18·80	8·00	11·70
Kleinstwert	1·80	2·20	1·14	0·97	0·80	0·86	1·16	2·90	7·30	6·80	2·60	2·50
Abflußmenge in Mio m³	8·09	7·71	4·87	2·93	2·24	3·30	7·00	15·89	28·26	26·49	14·54	12·72

Winterabfluß: 29·14   Sommerabfluß: 104·90

Jahresabfluß: 134·04 Mio m³;   Jahresabflußhöhe: 2000 mm;   mittlere Wasserspende: 63·5 l/s/km²

im 10jährigen Durchschnitt

Monatsmittel in m³/s

Meßjahre												
1930—1940	2·71	1·95	1·29	0·96	0·81	0·89	1·88	5·93	9·86	7·84	5·16	3·99

Jahresabfluß: 114·17 Mio m³;   Jahresabflußhöhe: 1704 mm;   mittlere Wasserspende: 54·1 l/s/km² die wasser- und energiewirtschaftlichen Planungen Daraus sind die Tagesmittel der tatsächlich gemessenen Abflüsse, ihre Größt- und Kleinstwerte, die Monatsmittel der Abflüsse im m³/s, der Wasserspenden in l/s/km², die Abflußmengen in Mio m³ für die einzelnen Monate, für die Halbjahre und für das ganze Jahr, die durchschnittliche jährliche Abflußhöhe und Wasserspende und schließlich die seit Beginn der Messungen ermittelten Durchschnittswerte der Monatsmittel, des Jahresabflusses, der Jahresabflußhöhe und der mittleren Wasserspende ersichtlich.

3. Messung der Zuflüsse in Stauseen.

Seit der Füllung der Stauseen Vermunt und Silvretta sind die an diesen Orten früher betriebenen Wassermeßstellen für die Messung der Abflußmengen nicht mehr benützbar. Der Gesamtzufluß in einen Stausee kann nur durch indirekte Messung ermittelt werden, weil nicht nur der Hauptzufluß, sondern auch die Hangbäche und der Niederschlag auf die Seeoberfläche erfaßt werden müssen. Die Ermittlung des Zuflusses erfolgt daher bei diesen Stauseen aus den Abflußmengen (Betriebswasserentnahme, vermehrt um allfällige Überlaufmengen) und der Veränderung des Speicherinhaltes in dem betreffenden Meßzeitraum. Als solcher wird den Auswertungen ein Kalendertag zugrunde gelegt. Der jeweilige Pegelstand um 0 Uhr wird in den Betriebsaufzeichnungen vorgemerkt. Die Betriebswassermengen werden aus der erzeugten Energiemenge mit Hilfe des bekannten Energiegeichwertes für 1 m³ Wasser errechnet. Auf diese Weise erhält man zuverläßige Angaben über die Tagesmittel der Zuflüsse in die Stauseen. Der Einfluß der Verdunstung wird dabei von selbst ausgeschaltet, so daß nur die tatsächlich nutzbaren Wassermengen gemessen werden. In diesem Zusammenhang wird erwähnt, daß bei dieser indirekten Meßmethode die im Winter bei absinkendem Seespiegel am Ufer liegenbleibenden Eisschollen erst in dem Zeitpunkt als Zufluß in Erscheinung treten, in dem sie vom steigenden Seespiegel wieder angehoben werden oder abschmelzen.

Abb. 4. Schreibpegel, Type X, der Firma Ott, Kempten

4. Erreichte Meßgenauigkeit.

Die Genauigkeit der Wassermessungen ist nicht nur abhängig von der Methode, sondern auch von der Sorgfalt, mit der die Messungen und Auswertungen durchgeführt werden. Nachdem die Illwerke hiefür ausschließlich gut geschultes und mit allen Schwierigkeiten vertrautes ständiges Personal verwenden, sind auch die abschließenden Ergebnisse entsprechend zuverlässig. Schätzungsweise dürften die Ergebnisse der Abflußmengenmessungen kaum mehr als $\pm$ 5% vom wahren Wert abweichen. Wahrscheinlich sind die Gesamtstreuungen durchschnittlich noch geringer. Die seit Inbetriebnahme der Kraftwerke Obervermunt, Vermunt und Rodund in diesen Anlagen gemessenen Betriebswassermengen stimmen mit den Wassermengen, die den Projekten zugrunde gelegt waren, gut überein. So wurde z. B. bei der

Planung des Vermuntwerkes mit einer Wassermenge von rund 100 Mio m³ gerechnet und nun nach 21 jähr. Meßdauer ein durchschnittlicher Zufluß von 104·75 Mio m³ nachgewiesen. Im Konzessionsprojekt für die Vermuntbachüberleitung vom Jahre 1930 war

Abb. 5. Schreibpegel der Wassermeßstelle „Ill Vadans" (W_5) mit geöffnetem Schutzhäuschen

ein Jahresabfluß von 17·72 Mio m³ und eine nutzbare Wassermenge von 16 Mio m³ unterstellt. Die bisherigen Messungen ergaben im 12 jähr. Durchschnitt einen Jahresabfluß von 17·48 Mio m³ an der Fassung und nach 8 jährigem Betrieb des Überleitungsstollens einen durchschnittlichen Einzug von 17·07 Mio m³. Auch bei den erst seit einigen Jahren laufenden Werken Obervermunt und Rodund stehen die Betriebsergebnisse hinsichtlich des Wasserdarbietens im Einklang mit den seinerzeitigen Projektsgrundlagen.

5. Einrichtung der Meßstellen.

Die Wassermeßstellen wurden bei den Illwerken jeweils den örtlichen Verhältnissen entsprechend ausgebaut. Wesentliche Bestandteile der Meßstellen sind ein Schwimmerschacht und ein Häuschen für die Aufstellung des Schreibpegels. Weiters ist — wo dies die

Abb. 6. Wassermeßstelle „Ill Vandans" (W_5) mit aufziehbaren Meßstegen

örtlichen Verhältnisse erforderten — ein Meßgerinne mit befestigter Sohle eingebaut worden. Es wurden aber auch verschiedene Meßstellen ohne eine solche Veränderung des Bach- oder Flußbettes in Betrieb genommen. Gerinneeinbauten sind hauptsächlich nur bei kleineren Bächen anwendbar und vor allem dort erforderlich, wo das Gefälle im natürlichen Bachlauf für die Vornahme der Messungen zu groß ist. Es wurde schon erwähnt, daß u. a. besondere Vorsorgen nötig sind, um auch in der Niederwasserzeit genau messen zu können. Zu diesem Zwecke werden in den Meßgerinnen nach Bedarf Staubretter eingelegt, um die Ablesegenauigkeit des Pegelstandes zu verbessern und die Wassergeschwindigkeit zu ermäßigen. Auch die Einschnürung der Gerinnebreiten durch behelfs-

Abb. 7. Wassermeßstelle „Kleinvermuntbach" (W_{12})

mäßige Wintereinbauten hat sich an verschiedenen Stellen als zweckmäßig und notwendig erwiesen.

Jede Meßstelle ist mit einem Meßsteg ausgerüstet, um jederzeit Flügelwassermessungen ausführen zu können (Abb. 6).

Im Winter sind die Meßstellen in den höheren Regionen für die Durchführung der Messungen zum

Teil nicht mehr benützbar, weil sie von Schnee zugedeckt sind oder von Lawinen verschüttet werden. Es genügt aber in Hinblick auf die Stetigkeit des Abflußverlaufes im Winter von Fall zu Fall Flügelmessungen an geeigneten Stellen in der Nähe der stillgelegten Schreibpegel-Meßstelle auszuführen und an entsprechenden Pegelfixpunkten den Wasserstand abzulesen. Zu diesem Zwecke muß oft in mühsamer Vorarbeit der Schnee beseitigt werden, um zum Wasser zu gelangen und die Messungen vornehmen zu können.

Die Abb. 4 bis 7 und 12 bis 20 zeigen Lichtbildaufnahmen verschiedener Meßstellen und ihrer Ausrüstung sowie von Flügelmessungen. Abb. 7 veranschaulicht die Schwierigkeiten der Wassermessungen im Winter.

IV. Niederschlagsmessungen

Im Rahmen des gewässerkundlichen Dienstes bilden die **Niederschlagsmessungen** eine wichtige Ergänzung der Abflußmengenmessungen. Sie bilden vor allem eine wertvolle Grundlage für die Beurteilung der langjährigen Mittel des Wasserdarbietens sowie der Abflußmengen in wasserreichen und wasserarmen Jahren.

Für die Messung der Niederschläge werden in den besiedelten Gegenden der Täler Sammler verwendet, die täglich abgelesen und nach den amtlichen Vorschriften des hydrographischen Zentralbüros betreut werden. In Verbindung damit werden auch die Temperaturen und die jeweiligen Schneehöhen gemessen sowie Wetterbeobachtungen durchgeführt.

Schwieriger ist die Messung des Niederschlags in den Hochregionen, wo eine tägliche Ablesung nicht mehr in Frage kommt. In diesen Gegenden werden hiefür Jahresniederschlagssammler benützt, die regelmäßig vor der Einwinterung entleert werden. Diese Sammler erhalten im Herbst eine stark konzentrierte Teilfüllung einer Chlorcalciumlösung, um das Einfrieren des aufgefangenen Niederschlages zu verhindern. Eine Ölschichte gewährleistet den Schutz gegen Verdunstung. Der Inhalt wird sowohl bei der Füllung als auch bei der Entleerung gewogen. Der Unterschied der Gewichte gibt den innerhalb eines Jahres gefallenen Niederschlag, bezogen auf den Querschnitt der Auffangöffnung.

Abb. 8. Tagesniederschlagsammler in Schruns (T_6)

An Hand der Meßergebnisse an den zunächst liegenden Tagessammlern wird schließlich der Niederschlag bei den Jahressammlern auf den Zeitraum eines Meßjahres (1. Oktober bis 30. September) umgerechnet und jeweils die Mittelbildung seit Beginn der Messungen weitergeführt.

Im Grenzgebiet der Silvretta werden die Beobachtungsergebnisse mit der Meteorologischen Zentralanstalt in Zürich ausgetauscht. Ferner besteht auf dem

Abb. 9. Jahresniederschlagsammler „Östlicher Vermuntferner" 2700 m ü. M. (J_1)

Gebiete der Niederschlagsmessungen auch eine Zusammenarbeit mit dem hydrographischen Landesdienst Vorarlberg.

In den Abb. 8 bis 11 sind Lichtbildaufnahmen von einigen Niederschlagsammlern im Arbeitsgebiet der Illwerke wiedergegeben.

V. Langjährige Mittel und Extremwerte

Die Fortführung der Mittel aus den Ergebnissen der laufend weitergeführten Abflußmengenmessungen erbringt mit zunehmender Dauer der Beobachtung Durchschnittswerte, die sich mehr und mehr den langjährigen Mitteln nähern, die für die Beurteilung des Wasserdarbietens zur Kraftnutzung entscheidend

Abb. 10. Jahresniederschlagsammler „Tilisunasee" 2200 m ü. M. (J_7)

sind. Die lückenlosen Messungen geben ferner genauen Aufschluß über die Abflußergiebigkeit wasserreicher und wasserarmer Jahre. Bei länger dauernden Beobachtungen gewinnt man einen zuverlässigen Einblick in die jahreszeitlichen und periodischen Schwankungen des Darbietens sowie seiner Extremwerte und erhält damit schließlich alle für eine gewissenhafte Planung erforderlichen gewässerkundlichen Grundlagen.

Für die sichere Beurteilung des Darbietens an einer bestimmten Stelle eines Gewässers bedarf es aber keiner langjährigen Beobachtungen, wenn solche an anderen Orten des gleichen Tales oder benachbarter Flußgebiete vorliegen. In diesem Falle kann man für eine neu eingerichtete Meßstelle in der Regel schon nach 1—2jährigen Messungen alle maßgebenden Mittel und Extremwerte durch Vergleichsrechnung aus den langjährig beobachteten Stützpunkten des gewässerkundlichen Dienstes schlüssig ableiten. Für die Beurteilung eines Meßjahres im

Abb. 11. Jahresniederschlagsammler „Brandner Ferner" 2700 m ü. M. (J_{13}) mit Scesaplana

Verhältnis zum langjährigen Durchschnitt geben u. a. die Niederschlagsbeobachtungen einen wertvollen Behelf. Je mehr Meßstellen in einem Flußgebiet für solche Berechnungen zur Verfügung stehen, desto zuverlässiger wird das Ergebnis, weil man dann den Vergleichen die Mittel einer Reihe von Beobachtungsorten, also Gruppenmittel zugrunde legen kann, bei denen der Einfluß örtlicher Zufälligkeiten schon weitgehend ausgeschaltet ist.

Bei der Fülle des Beobachtungsmaterials, das den Illwerken über ihr Interessengebiet zur Verfügung steht, kann übrigens bereits für jeden Ort einer geplanten Wasserfassung — selbst wenn dort noch gar nicht gemessen wurde — das Wasserdarbieten mit ausreichender Genauigkeit errechnet werden. Solche Ableitungen stützen sich hauptsächlich auf die Monats-

und Jahresmittel der in l/s/km² ausgedrückten Wasserspenden benachbarter Meßstellen, wobei allerdings Einzugsgebiete mit und ohne Vergletscherung auseinander zu halten und alle sonstigen Einflüsse auf

Abb. 12. Wassermeßstelle „Ill Madlenerhaus" (W_2). (Seit Einstau der Silvrettamauer außer Betrieb)

das Ergebnis entsprechend zu berücksichtigen sind.

Für solche Vergleichsrechnungen bieten übrigens auch die vom Eidgenössischen Amt für Wasserwirtschaft ausgeführten langjährigen Abflußmessungen an Gewässern in Graubünden wertvolle Anhaltspunkte. Schließlich bilden auch die vom Vorarlberger Landeswasserbauamt durchgeführten Messungen in Feldkirch, hauptsächlich für die Beurteilung der Niederwasserführung im Unterlauf der Ill eine wertvolle Ergänzung des eigenen Beobachtungsmaterials.

Es ist aber bedenklich, aus Einzelbeobachtungen des Abflusses oder Niederschlages ohne genaue Kenntnis der Zusammenhänge und der örtlichen Verhältnisse — wie dies oft geschieht — das Wasserdarbieten ableiten zu wollen und die Wasserwirtschaft von Projekten auf solche ganz unzureichende Grundlagen abzustützen. Dazu bedarf es schon — abgesehen von der nötigen Erfahrung für solche Beurteilungen — ausreichenden Zahlenmaterials, das aus tatsächlichen Messungen hervorgegangen ist.

VI. Besondere Einflüsse auf Niederschlag und Abfluß

Die Ergiebigkeit der Niederschläge eines Gebietes hängt zunächst ursächlich mit seiner geographischen

Abb. 13. Wassermeßstelle „Ganerabach" (W_8)

Lage zusammen. Vorarlberg erhält den Feuchtigkeitsnachschub vorwiegend durch Westwinde vom Atlantischen Ozean. Die aus dieser Richtung heranziehenden Wolken werden von den hohen Gebirgszügen des Landes gestaut und zum Aufstieg gezwungen, wodurch Abkühlung eintritt, die den Regen oder Schneefall auslöst. Dieser ist im allgemeinen auf der Westseite der Berge am ausgiebigsten.

Die Niederschlagsmenge wird aber sehr stark von den örtlichen topographischen Verhältnissen beeinflußt. Es besteht daher auch — im Gegensatz zu einer verbreiteten Auffassung — keine Gesetzmäßigkeit zwischen Niederschlagsmenge und Höhenlage.

Abb. 14. Wassermeßstelle „Suggadinbach" (W_9)

Die Ergiebigkeit wechselt nicht nur von Tal zu Tal, sondern auch von Ort zu Ort des gleichen Tales. Im Montafon z. B. wachsen die Niederschläge von

Schruns (1260 mm auf 660 m ü. M.) bis Vermunt (1654 mm auf 1730 m ü. M.). Beim Madlenerhaus stehen im Bereich der Silvrettasperre zwei Sammler nahe beieinander. Der eine davon (2030 m ü. M.) ergab im 13 jährigen Durchschnitt 1380 mm, der andere (1980 m ü. M.) vom ersten knapp 600 m entfernt, im 9 jährigen Durchschnitt 1058 mm. Der 4½ km südwestlich davon auf Höhe 2675 m ü. M. gelegene Sammler am Litznerferner weist einen Jahresniederschlag von 2108 mm auf, während dieser auf dem östlichen Vermuntferner (2700 m ü. M.) nur 1100 mm und auf dem Klostertalerferner (2750 m ü. M.) 1380 mm beträgt.

Aus diesen Vergleichszahlen ist zu erkennen, daß dem Niederschlag mit Formeln nicht beizukommen ist. Es ist daher auch nicht möglich, trotz des gut ausgebauten Beobachtungsnetzes über den Gesamtniederschlag im Arbeitsbereich der Illwerke und seine Verteilung auf die einzelnen erfaßten Einzugsgebiete sichere Angaben zu machen oder daraus zuverlässige Abflußmengen abzuleiten.

Im Hochgebirge wird ferner die Beziehung zwischen Niederschlag und Abfluß erheblich durch die Gletscher beeinflußt. Diese bewirken nicht nur eine jahreszeitliche Verlagerung des letzteren, sondern vor allem einen Ausgleich des Wasserhaushaltes über lange Klimaperioden hinweg. Die Eismassen der Ferner bilden unermeßliche Wasserspeicher, von denen die Bäche nun schon seit dem Jahre 1854, dem Beginne des gegenwärtigen Gletscherschwundes, also seit mehr als 90 Jahren zehren. Gegenwärtig ist der jährliche Wasserzuschuß der Gletscher beträchtlich und er dürfte z. B. an dem Zufluß in den Silvretta-Stausee schätzungsweise etwa 20% ausmachen.

Einen gewissen Einblick in diese Zusammenhänge erbrachten jahrelange Beobachtungen und Profilmessungen an den Gletschern. Zahlenmäßige Nachweisungen ihres Einflusses auf den Wasserhaushalt würden indessen wiederholte, genaue Vermessungen des gesamten Eis- und Firngebietes voraussetzen, die von den Illwerken aber noch nicht veranlaßt werden konnten.

Abb. 15. Wassermeßstelle „Rellsbach" (W_{11})

Bei der rechnungsmäßigen Ableitung von Abflußmengen aus anderen Beobachtungsstellen und allen diesbezüglichen Vergleichen müssen also in jedem einzelnen Falle die Einflüsse der Gletscher nach Maßgabe der jeweils geltenden örtlichen Verhältnisse entsprechend berücksichtigt werden, wenn man sich vor falschen Schlußfolgerungen bewahren will.

Das Wasserdarbieten von Bächen wird ferner häufig — vor allem in Einzugsgebieten, an deren Aufbau löslicher Kalk oder Gips beteiligt ist — durch unterirdische Stauräume, die aus zusammenhängenden Hohlräumen, Höhlen oder Gängen bestehen, mehr oder weniger stark beeinflußt. Solchen unsichtbaren Speichern im Gebirge verdanken viele Quellen, die sonst während der Frostzeit mangels eines Nachschubes von der Oberfläche versiegen müßten, auch im Winter eine reichliche Schüttung.

Ein solcher Fall ganz besonderer Art liegt im Gargellental vor, das als linksufriges, von Süden nach Norden verlaufendes Seitental der Ill den Übergang

Abb. 10. Wassermeßstelle „Jambach" (W_{13})

von der Gneisdecke der Silvretta zu den Jura- und Triaskalken des Rhätikons bildet.

Die im Jahre 1930 aufgenommenen Abflußbeobachtungen an der Wassermeßstelle W_9 am Suggadinbach, der das Gargellental entwässert, ließen schon nach kurzer Dauer erkennen, daß hier ein besonderer Einfluß vorherrschen müsse, weil sich an diesem Bache erheblich größere Wasserspenden ergaben als an den benachbarten Gewässern und vor allem die großen Winterwassermengen in den klimatischen Verhältnissen des Gargellentales nicht begründet schienen. In der Folge wurden im Jahre 1934 die beiden Jahresniederschlagsammler „Gargellenkopf" (I_9) und „Valzifens" (I_{10}) aufgestellt, um einen genaueren Anhalt über die Niederschlagsmengen im Gargellental zu gewinnen und klarzustellen, ob die großen Wasserspenden im Suggadinbach durch einen auffallenden Niederschlagsreichtum verursacht werden. Die in dieser Richtung angestellte Untersuchung führte indessen zu keiner Aufklärung. Es drängte sich daher die Vermutung auf, daß dem Gargellental aus benach-

Abb. 17. Flügelmessung am Jambach im Winter

barten Niederschlagsgebieten unterirdisch Wasser zufließt. Diese Vermutung erwies sich auch bei der anschließenden genaueren Überprüfung der Zusammenhänge als richtig und es konnten dabei die Ursachen des Wasserreichtums im Suggadinbach eindeutig erkannt werden.

Der von der „Madrisa" zur „Sarotla Spitze" in Süd-Nord-Richtung verlaufende Grenzkamm hat eine eigenartige Gesteinszusammensetzung, die durch das sogenannte geologische Fenster im Gargellental schön aufgeschlossen ist. Über dem gegen das Gargellental von Westen nach Osten flach einfallenden, aus der Masse der Bündner Schiefer bestehenden wasserundurchlässigen Untergrund baut sich das Gebirge aus verschieden gearteten Gesteinsschichten auf. Auf dem Schiefer lagert durchlässiger Kalk der Sulzfluhdecke, darüber die Aroser-Schuppenzone und zuoberst Urgestein der Silvrettadecke.

Die vom Grenzkamm zunächst über das Gneisdach der Wasserscheide auf Schweizer Boden in westlicher Richtung abströmenden Oberflächenwässer gelangen in den Bereich des Kalkes, werden von diesem in dolinenartigen Mulden durch Sickerlöcher verschluckt und fließen schließlich auf dem undurchlässiger

Abb. 18. Flügelmessung an der Oberwasserkanalbrücke „Suggadin" des Rodundwerkes

Schiefer, nunmehr in gegenläufiger, also östlicher Richtung, in das Gargellental. Dort tritt das Wasser wieder in einer Quellgruppe etwa 2 km außerhalb von Gargellen zu Tage, nachdem der Kalk die Talfurche nicht unterschneidet. Das Haupteinzugsgebiet dieses unterirdischen Zuflusses des Suggadinbaches liegt südlich des „Plasseggenjoches" und umfaßt zweifellos auch die Kalkberge „Weißplatte", „Stock" und „Mittelfluh". Dieses Gebiet ist in Abb. 1 durch schräge Schraffur hervorgehoben. Wahrscheinlich erstreckt sich das Versickerungsgebiet noch weiter nach Süden; hier treten allerdings die Zusammenhänge nicht mehr so offensichtlich in Erscheinung wie am

Südfuße der „Mittelfluh", wo sich eine Reihe von Versickerungsstellen befinden, die übrigens auch in der Karte 1 : 75 000 gut zu erkennen sind.

Die erwähnten Quellen haben größenordnungsmäßig eine Schüttung von durchschnittlich 500 l/s entsprechend 13 v. H. des Jahresabflusses an der Meßstelle W_9.

Im Rahmen des vorliegenden Berichtes kann auf die näheren Einzelheiten dieses interessanten Falles eines unterirdischen Zusammenhanges von Niederschlagsgebieten, die oberflächlich verschiedenen Tälern angehören, nicht näher eingegangen werden.

Die angeführten Beispiele besonderer Einflüsse auf Niederschlag und Abfluß lassen aber zur Genüge erkennen, daß eine sachlich richtige Beurteilung des Wasserdarbietens eine genaue Kenntnis der örtlichen Verhältnisse voraussetzt und daß bei Vergleichsrechnungen größte Vorsicht geboten ist.

VII. Wassermessungen für die Kraftwerksbetriebe

Neben der Beschaffung der gewässerkundlichen Grundlagen für die Projekte hat der Wassermeßdienst noch eine besondere Aufgabe im Rahmen der Kraftwerksbetriebe zu erfüllen. Diese besteht darin, den Betriebsleitungen und dem Lastverteiler alle wasserwirtschaftlichen Unterlagen zu liefern, die für die Führung des Verbundbetriebes und die damit zusammenhängenden Abrechnungen laufend benötigt werden.

Zu diesem Zwecke sind die einzelnen Anlagen mit entsprechenden Ausrüstungen versehen.

Der Zufluß wird z. T. direkt mit den üblichen Schreibpegeln, so z. B. an der Vermuntbach- oder Rellsbachüberleitung, z. T. — wie schon über die Messungen in Stauseen berichtet wurde — indirekt gemessen. Diese Messungen in Stauseen dienen gleichzeitig sowohl dem allgemeinen Meßdienst als auch dem Betrieb. Als Behelfe für die Ermittlungen stehen fernschreibende Pegel zur Verfügung, die den jeweiligen Stand des Seespiegels in die betreffende Warte übertragen und dort jederzeit ablesbar machen.

Beim Vermuntwerk wurden seinerzeit die ersten vier Maschinen mit Meßdüsen und Wassermengen-

Abb. 19. Meßstange mit drei Flügeln

Schreibern, bzw. Zählern ausgerüstet, so daß der Wasserverbrauch der Turbinen auch direkt gemessen werden konnte. Bei der später aufgestellten fünften Maschinengruppe war der Einbau einer solchen Meßeinrichtung nicht mehr möglich. Beim Rodundwerk wurden u. a. besondere Einrichtungen für die laufende direkte Messung des Zuflusses in das Staubecken Latschau getroffen. Hiezu dient ein vor dem Wasserschloß in einem durch eine Tauchdecke eingeengten

Querschnitt eingebauter Dauermeßflügel, dessen Anzeige durch elektrische Übertragung der Kontaktsignale auf ein entsprechendes Wassermengenschreibgerät in den Kommandoraum des Lastverteilers übertragen wird. Um diesen Dauermeßflügel eichen zu

Abb. 20. Flügelmessung im Oberwasserkanal des Rodundwerkes an der Eichmeßstelle in Latschau

können, wurde die aus Abb. 20 ersichtliche Meßstelle eingerichtet. Für die Vornahme der Flügelmessungen dient hier ein Spezialmeßgerät mit drei Flügeln, das auf den Abb. 18 bis 20 während der Ausführung von Messungen zu sehen ist. Die Abb. 18 und 19 zeigen eine Flügelmessung an der Meßstelle „Oberwasserkanalbrücke Suggadin" des Rodundwerkes.

Auch die Wasserrückgabe bedarf einer laufenden Nachweisung. Beim Rodundwerk ist daher der Ablaufgraben des Ausgleichbeckens mit Wassermengen-Fernschreibern ausgerüstet, die den Durchfluß in zwei nebeneinander liegenden Meßgerinnen in die Warte übertragen.

Weitere umfangreiche Messungen sind schließlich in den Werkskanälen der Unterlieger nötig, um daraus den Umfang der Beeinträchtigung der Energieerzeugung in diesen Werken nachweisen zu können. Die selbsttätigen mit elektrischer Übertragung arbeitenden Meßeinrichtungen erfüllen nur ihren Zweck, wenn sie auch rechtzeitig betriebsfertig geeicht zur Verfügung stehen und dauernd fachmännisch überwacht werden. Wenn eine Störung bei einem solchen Meßgerät eintritt, dann ergibt sich erfahrungsgemäß meist eine längere Lücke in den betreffenden Nachweisungen. Dieser Umstand wird bei den selbsttätigen Meßgeräten als Mangel empfunden. Viel anpassungsfähiger sind hingegen die gewöhnlichen Schreibpegel, die infolge ihrer einfachen Bauart und Bedienung im allgemeinen das zuverlässigste Gerät für den Wassermeßdienst darstellen und von den Illwerken für Abflußmessungen überall dort bevorzugt verwendet werden, wo sich der angestrebte Zweck erreichen läßt.

Eine wichtige Obliegenheit des betrieblichen Wassermeßdienstes ist die laufende Auswertung aller maßgebenden Messungen, die — soweit nötig — in entsprechenden Vordrucken täglich vorgenommen wird.

Zu den Aufgaben des Wassermeßdienstes im Rahmen des Betriebes gehört schließlich die Durchführung der Messungen zur Nachweisung der Turbinenwirkungsgrade. Beim Vermuntwerk wurden z. B. diese Wassermessungen im oberen Teil der Rohrleitungen an einer für diesen Zweck vorbereiteten und entsprechend ausgerüsteten Meßstelle mit einem Spezial-Flügelmeßgerät nach System Dufour ermittelt.

Aus diesen kurzen Hinweisen ersieht man, daß auch der Betrieb der Kraftwerke dem Wassermeßdienst mannigfache Aufgaben stellt. Diese sind aber nur befriedigend zu lösen, wenn schon beim Bau der Anlagen entsprechende Meßeinrichtungen vorgesehen werden. Der angestrebte Zweck wird ferner nur erreicht, wenn die erforderlichen Beobachtungen und Auswertungen planmäßig und laufend durchgeführt werden.

VIII. Zusammenfassung

Der vorliegende Bericht gibt einen Überblick über die Einrichtung und Führung des Wassermeßdienstes im Arbeitsgebiet der Illwerke. Es ist daraus zu ersehen, daß rechtzeitig Vorsorge getroffen wurde, um die für die weiteren Planungen nötigen verläßlichen Grundlagen zur Verfügung zu haben. Die von den Illwerken angewandte Methode zur Erfassung der Abflußmengen hat sich bestens bewährt.

Die genaue Kenntnis des verfügbaren Wasserdarbietens ist eine wesentliche Voraussetzung für die Ausarbeitung sowie für die Beurteilung der Wirtschaftlichkeit und der Betriebsweise der zum Ausbau vorgeschlagenen Projekte. Die Mühen und die nicht unerheblichen Kosten einer sorgfältigen Erhebung der Wassermengen haben bei den Illwerken bisher reiche Frucht getragen und sich stets vielfach bezahlt gemacht.

Der vorbeschriebene bewährte Wassermeßdienst wird daher in Anpassung an die wechselnden Aufgaben fortgesetzt und den jeweiligen Erfordernissen entsprechend weiter ausgebaut.

MIX
Papier aus verantwortungsvollen Quellen
Paper from responsible sources
FSC® C105338

If you have any concerns about our products,
you can contact us on
ProductSafety@springernature.com

In case Publisher is established outside the EU,
the EU authorized representative is:
**Springer Nature Customer Service Center GmbH
Europaplatz 3, 69115 Heidelberg, Germany**

Printed by Libri Plureos GmbH
in Hamburg, Germany